Mi gran jardín

El correcaminos

Lola M. Schaefer

Traducción de Paul Osborn

Heinemann Library
Chicago, Illinois

© 2004 Heinemann Library
a division of Reed Elsevier Inc.
Chicago, Illinois

Customer Service 888-454-2279
Visit our website at www.heinemannlibrary.com

All rights reserved. No part of this publication may be reproduced or transmitted in any form or by any means, electronic or mechanical, including photocopying, recording, taping, or any information storage and retrieval system, without permission in writing from the publisher.

Designed by Kim Kovalick, Heinemann Library; Page layout by Que-Net Media
Printed and bound in China by South China Printing Company Limited.
Photo research by Bill Broyles

08 07 06 05 04
10 9 8 7 6 5 4 3 2 1

Library of Congress Cataloging-in-Publication Data
Schaefer, Lola M., 1950-
   [Roadrunners. Spanish]
   El correcaminos/Lola M. Schaefer; traducción de Paul Osborn
     p. cm.—(Mi gran jardin)
Contents:Hay correcaminos en tu jardin -- Qué es un correcaminos -- Cómo se ve el correcaminos -- Qué tamaño tiene el correcaminos -- Qué sientes al tocar un correcaminos -- Qué come el correcaminos -- Qué tiene de especial el correcaminos -- Cómo se protege el correcaminos -- Es peligroso el correcaminos -- Prueba.
    ISBN 1-4034-5749-2 (hc), 1-4034-5756-5(pbk)
1. Roadrunner—Juvenile literature, I. Title.
QL696.C83 S3618 2004
598.74—dc22
                                          2004042463

Acknowledgments
The author and publishers are grateful to the following for permission to reproduce copyright material:
p. 4 Wayne Lankinen/DRK Photo; pp. 5, 8, 10, 16 Stephen J. Krasemann/DRK Photo; pp. 6, 22, 24 C. Allan Morgan/DRK Photo; p. 7 Wayne Lynch/DRK Photo; pp. 9, 11, 12, 18 Joe McDonald/DRK Photo; p. 13 Charles Melton/Visuals Unlimited; p. 14 Sid and Shirley Rucker/DRK Photo; p. 15 John Cancalosi/DRK Photo; p. 17 Charlie Ott/Photo Researchers, Inc.; p. 19 Andy Rouse/NHPA; p. 20 Jeremy Woodhouse/Masterfile; p. 21 Gail Shumway/Taxi/Getty Images; p. 23 (t-b) Joe McDonald/DRK Photo, Charles Melton/Visuals Unlimited, C. McIntyre/PhotoLink/Photodisc/Getty Images, Wayne Lynch/DRK Photo, Corbis; back cover (l-r) Joe McDonald/DRK Photo, Wayne Lynch/DRK Photo

Cover photograph by John Cancalosi/DRK Photo

Every effort has been made to contact copyright holders of any material reproduced in this book. Any omissions will be rectified in subsequent printings if notice is given to the publisher.

Special thanks to our bilingual advisory panel for their help in the preparation of this book:

Aurora Colón García
Literacy Specialist
Northside Independent School District
San Antonio, TX

Leah Radinsky
Bilingual Teacher
Inter-American Magnet School
Chicago, IL

Contenido

¿Hay correcaminos en tu jardín?........ 4
¿Qué es un correcaminos? 6
¿Cómo se ve el correcaminos?........ 8
¿Qué tamaño tiene el correcaminos? ... 10
¿Qué sientes al tocar un correcaminos?.. 12
¿Qué come el correcaminos? 14
¿Qué tiene de especial el correcaminos? . 16
¿Cómo se protege el correcaminos? 18
¿Es peligroso el correcaminos?........ 20
Prueba 22
Glosario en fotos *23*
Nota a padres y maestros........... *24*
Respuesta de la prueba *24*
Índice *24*

Unas palabras están en negrita, **así**.
Las encontrarás en el glosario en fotos de la página 23.

¿Hay correcaminos en tu jardín?

Puede que veas un correcaminos en tu jardín.

Viven en lugares secos, como en el **desierto**.

Los correcaminos construyen sus **nidos** en los árboles pequeños.

Les gustan los lugares con muchos arbustos o maleza.

¿Qué es un correcaminos?

plumas

El correcaminos es un pájaro.

Su cuerpo está cubierto de **plumas**.

El correcaminos es de sangre caliente.

La temperatura de su cuerpo siempre se mantiene caliente.

¿Cómo se ve el correcaminos?

cola

El correcaminos tiene un cuerpo delgado y una cola larga.

Tiene patas largas con cuatro pezuñas.

Las **plumas** del correcaminos son negras, blancas y de color canela.

Sus patas son grises.

¿Qué tamaño tiene el correcaminos?

El correcaminos es tan largo como una barra de pan.

Su cola mide la mitad de su largo.

El correcaminos es liviano.

Se puede sentar en la rama delgada de un árbol.

¿Qué sientes al tocar un correcaminos?

plumas

pico

Sus **plumas** son tiesas pero suaves.

Su **pico** es liso y tan duro como la madera.

garras

La textura de sus patas es áspera.

Las **garras** de sus pezuñas son puntiagudas.

¿Qué come el correcaminos?

Puede que el correcaminos busque comida en tu jardín.

Come insectos y otros animales que atrapa.

Le gusta comer lagartijas, gusanos y ratones.

¡Hasta come serpientes de cascabel!

¿Qué tiene de especial el correcaminos?

El correcaminos no vuela mucho.

Prefiere caminar o correr.

El correcaminos salta de rama en rama para llegar a su **nido**.

¿Cómo se protege el correcaminos?

El correcaminos se esconde o corre para protegerse.

Se esconde entre los arbustos y la hierba alta.

Cuando ve algún peligro,
el correcaminos corre.

A veces vuela para escaparse
de sus enemigos.

¿Es peligroso el correcaminos?

El correcaminos no es peligroso.

No lastima a la gente.

Cuando te acercas demasiado a un correcaminos, te mira y se escapa corriendo.

Prueba

¿Cómo se llaman estas partes del correcaminos?

Glosario en fotos

pico
página 12
"hocico" de un pájaro

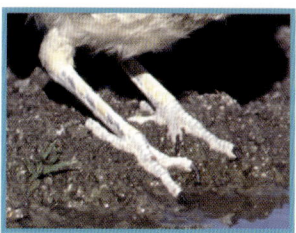
garra
página 13
"uña" puntiaguda que tienen los animales

desierto
página 4
un lugar seco

plumas
páginas 6, 9, 12
envoltura liviana que cubre un pájaro

nido
páginas 5, 17
refugio hecho por un pájaro para sus huevos y crías

Nota a padres y maestros

Leer para buscar información es un aspecto importante del desarrollo de la lectoescritura. El aprendizaje empieza con una pregunta. Si usted alienta a los niños a hacerse preguntas sobre el mundo que los rodea, los ayudará a verse como investigadores. Cada capítulo de este libro empieza con una pregunta. Lean la pregunta juntos, miren las fotos y traten de contestar la pregunta. Después, lean y comprueben si sus predicciones son correctas. Piensen en otras preguntas sobre el tema y comenten dónde pueden buscar las respuestas.

¡PRECAUCIÓN!
Recuérdeles a los niños que no deben tocar animales silvestres. Los niños deben lavarse las manos con agua y jabón después de tocar cualquier animal.

Índice

animal 14
árbol 5, 11
cola 8, 10
comida 14–15
desierto 4
garra 13
lagartija 15
nido 5, 17
pájaro 6
pata 9, 13
pico 12
pluma 6, 9, 12

Respuesta a la prueba

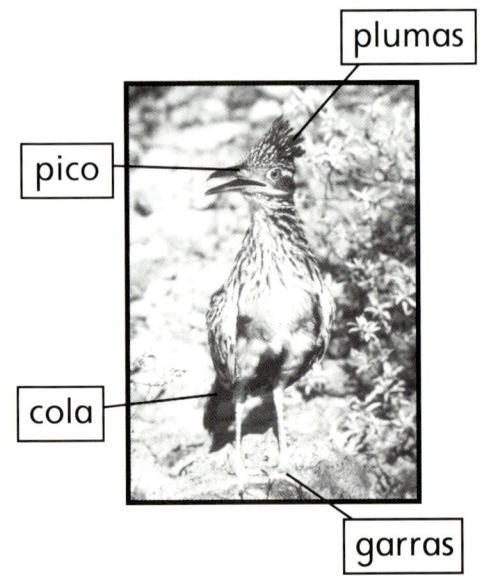